AF549902

Basische Ernährung

Der Ratgeber für die effektive Entgiftung mit 50 Blitz-Rezepten unter 10 Minuten

Inklusive Wochenplaner, 7 Tage Detox-Kur, Lebensmittellisten und Nährwertangaben

1. Auflage

WirmachenDruck.de
Sie sparen, wir drucken!

Warum sich basisch ernähren?

Basische Ernährung gibt Energie und lässt Sie Ihre verlorene Fitness wieder zurückerlangen! Denn nur eine Balance zwischen den Säuren und Basen unseres Körpers erhalten unseren Stoffwechsel und fördern unser Immunsystem und andere Funktionen unseres Organismus. Zu viele Menschen leiden aufgrund der falschen Ernährung an Krankheiten wie Muskelschmerzen, Konzentrationsschwierigkeiten, Hautproblemen, Rheuma oder auch Herz-Kreislauf-Problemen. In letzter Zeit beschäftigen sich die Menschen immer mehr mit gesunder Ernährung und aus diesem Grund haben wahrscheinlich auch Sie zu diesem Buch gegriffen.

In diesem Kochbuch erwarten Sie köstliche Rezepte, die Ihnen dazu helfen eine basische Ernährung leichter zu gestalten. Als eine basische Ernährung wird eine Ernährungsform verstanden, die darauf abzielt den Säure-Basen-Haushalt in Balance zu halten. Um keine Übersäuerung des Körpers oder einen Basenüberschuss zu fördern ist es von Vorteil basische Mahlzeiten in Ihre Ernährung mit einzubauen oder sogar eine rein basische Detox-Kur durchzuführen. Die basische Ernährung setzt auf eine pflanzliche Ernährungsweise mit viel Obst und Gemüse. Tierische Produkte werden nur in guter Qualität und in Maßen zu sich genommen. Auch Ihrem geliebten Brot oder Pasta müssen Sie nicht den Riegel vorschieben. Beides ist durchaus erlaubt, wenn Sie es geschickt kombinieren, denn es gilt die einfache Regel sich zu 80 Prozent aus basischen Lebensmitteln zu ernähren und zu 20 Prozent säure bildende Lebensmittel zu verzehren.

Sich basisch zu ernähren bedeutet sich gesund zu ernähren. Dadurch gewinnt der Körper wieder an Energie und Fitness. Sagen Sie hiermit Müdigkeit und Unwohlsein ade.
In diesem Kochbuch möchte ich Ihnen Rezepte näher bringen, die leicht und schnell zubereitet sind. Starten Sie Ihren Tag mit leckeren Gemüse und Obst Smoothies oder köstlichem selbstgemachten Müsli, die Ihnen

dazu helfen sich schon von morgens an voller Energie zu fühlen. Mittags und abends sollten Sie sich mit Suppen und lecker knackigen Salaten Ihren Körper nicht zu sehr belasten und sich schonend sättigen. Lassen Sie sich von meinen Rezepten motivieren eine gesündere Lebensweise zu starten. Nehmen Sie meine Rezepte als Inspiration und kreieren Sie ruhig Ihre eigenen Rezepte nach Belieben.

Beugen Sie einer Übersäuerung vor in dem Sie Ihre Ernährung umstellen. Ich wünsche Ihnen viel Spaß beim Nachkochen und hoffe Sie werden die Vorteile, die eine basische Ernährung mit sich bringt schon bald selber fühlen. Gutes Gelingen und guten Appetit!

Inhaltsverzeichnis

Mein Wochenplaner

	Frühstück	Mittagessen	Abendessen	Snacks
Montag				
Dienstag				
Mittwoch				
Donnerstag				
Freitag				
Samstag				
Sonntag				

Einkaufsliste

•	•	•	•
•	•	•	•
•	•	•	•
•	•	•	•
•	•	•	•
•	•	•	•
•	•	•	•
•	•	•	•

Ein Beispiel für eine Woche könnte für Sie so aussehen:

Mein Wochenplaner

	Frühstück	**Mittagessen**	**Abendessen**	**Snacks**
Montag	Schoko-Vanille Chiapudding	Brokkoli Suppe	Orangen Wirsing Salat	Obst, Rohkost
Dienstag	Heidelbeere Avocado Smoothie Bowl	Zucchini Suppe	Guacamole Salat	Handvoll Pekannüsse
Mittwoch	Apfel Zimt Overnight Oats	Kohlrabi Salat mit Apfel	Tomaten Suppe	Obst, Rohkost
Donnerstag	Spinat Smoothie	Tahini Penne	Einfacher Salat	Handvoll Mandeln
Freitag	Dinkelbrot mit Paprika Cashew Aufstrich	Kichererbsen Grünkohl Salat	Karotten Ingwer Suppe	Obst, Rohkost
Samstag	Kirsch Smoothie Bowl	Penne mit Auberginen	Rote Beete Salat	Handvoll Walnüsse
Sonntag	Bananen Granola	Avocado Spinat Suppe	Radieschensal at	Obst, Rohkost

Einkaufsliste

Rote Beete	Weiße Bohnen	Mandelmilch	Äpfel
Radieschen	Kakaopulver	Kohlrabi	Beeren
Haferflocken	Avocado	Zucchini	Gurken
Bananen	Kirschen	Möhren	Frühlingszwiebeln
Mandelmus	Kokoswasser	Pastinaken	Auberginen
Lauch	Kokosflocken	Dinkel Penne	Cherry Tomaten

Sellerie	Spinat	Dinkelbrot	Wirsing
Brokkoli	Zitronen	Rotkohl	Orangen
Kichererbsen	Ingwer	Rote Paprika	Frische Kräuter
Grünkohl	Oliven	Apfelessig	Gewürze

7 Tage Detox-Kur

Die meisten meiner Rezepte basieren auf einer Ernährungsform, die unseren pH-Wert im Körper stabil hält. Sie bestehen aus Lebensmittel, die basenbildend sind aber auch wiederum Säuren bilden. Diese Balance ist sehr wichtig, um ein Gleichgewicht herzustellen und einen gesunden Organismus zu fördern. Wenn Sie jedoch an eine Entschlackung denken, da Sie der Annahme sind, dass Ihr Körper eine Pause braucht, beziehungsweise „übersäuert" ist, dann empfehle ich Ihnen eine 7 Tage Detox-Kur. Mit einer Detox-Kur wird Ihr Gefühl der Übersäuerung verschwinden und Sie werden sich in Ihrem Körper wohler fühlen, da dieser nicht mehr ständig im Kampf mit den Giftstoffen steht.Während einer Detox-Kur dürfen Sie nur basenbildende Lebensmittel zu sich nehmen. Streben Sie eine rein basische Detox-Kur an, dann sollten Sie die Rezepte aus diesem Buch als Anlehnung benutzen und dementsprechend anpassen. Für eine rein basische Ernährung gibt es einige Kriterien zu beachten. Zum ersten ist sie rein pflanzlich und kommt ohne tierische Produkte aus. Sie werden also in dieser Woche sich vegan ernähren. Somit besteht die Ernährung vorwiegend aus frischen Zutaten wie Obst, Gemüse und Salaten. Ab und stehen auch Kartoffeln und Mandeln auf dem Ernährungsplan. Des Weiteren werden keine industriell verarbeitete Produkte verwendet. Ausnahmen sind hier die Sesampaste und pflanzlichen Drinks, aber auch der Reissirup, der hin und wieder als Süße dient. Die Rezepte, in denen Hülsenfrüchte oder Getreideprodukte verwendet werden, werden durch Kartoffeln und Erdmandelflocken ersetzt. Hülsenfrüchte und Getreideprodukte sind aufgrund ihrer Säure bildenden Eigenschaft sehr wichtig für eine pH-Wert Balance, aber für unsere 7 Tage Detox-Kur nicht von Vorteil. Innerhalb dieser 7 Tage sind tierische Produkte, wie Fleisch, Milchprodukte und Eier strikt verboten. Auch Weißmehlprodukte, Süßigkeiten und Alkohol sind tabu.

Beim Frühstück setzt die rein basische Ernährung auf frisches Obst. Erstens fördert es die Verdauung und zweitens unterstützen sie die Entgiftung. Sie können zum Frühstück das Obst gerne roh essen oder es auch pürieren und mit veganen Pudding genießen. Eine weitere Idee wäre es, sich Smoothies selbst zu machen oder auch Smoothie Bowls, die eine etwas festere Konsistenz haben als normale Smoothies. In diesem Rezeptbuch finden Sie einige Anregungen. Im Prinzip können Sie jegliches Obst nehmen und es mit Vanille, Zimt, Kurkuma oder auch Ingwer würzen.

Zu Mittag können Sie gerne Salate oder Gemüsegerichte essen.

Das Abendessen bei einer rein basischen Ernährung kann aus Suppen wie aber auch aus Salaten bestehen.

Auf Snacks sollten Sie während der sieben Tage komplett verzichten, denn eine Pause zwischen den Mahlzeiten fördert die Entgiftung. Wenn Sie es doch nicht aushalten, dann greifen Sie am besten zu Rohkost, ob Obst oder Gemüse ist hierbei egal. Was das Trinken betrifft, sollten Sie sich an Wasser, Gemüsesäfte, Obstsäfte oder Tees halten. Halten Sie sich aber hierbei an gewisse Regeln: Trinken Sie nie zu den Mahlzeiten, sondern am besten immer 30 Minute davor und 1 Stunde danach. Dies dient dazu, dass Verdauung sonst ins Schwanken kommt und ein mögliches Unwohlsein auftritt.

Nun können Sie mit Ihrer Detox-Kur beginnen, auf den folgenden Seiten, habe ich für Sie einen 7 Tage Plan erstellt, nachdem Sie sich gerne richten können. Ich wünsche Ihnen hierbei viel Spaß und Erfolg. Vergessen Sie nicht gut zu kauen und sich Zeit für Ihre Mahlzeiten zu nehmen.

Tag 1:

Frühstück

Kaki Chiapudding

Mittagessen

Kohlrabi Salat mit Apfel (gegebenenfalls Nüsse durch Mandeln oder Erdmandeln ersetzen)

Abendessen

Zucchini Suppe

Tag 2:

Frühstück

Pina Colada Smoothie

Mittagessen

Kichererbsen Zucchini Pfanne (gegebenenfalls Kichererbsen durch Kartoffeln ersetzen)

Abendessen

Orangen Wirsing Salat (gegebenenfalls Nüsse durch Mandeln oder Erdmandeln ersetzen)

Tag 3:

Frühstück

Grüne Smoothie Bowl

Mittagessen

Guacamole Salat

Abendessen

Karotten Ingwer Suppe

Tag 4:

Frühstück

Rote Beete Smoothie

Mittagessen

Tahini Penne (gegebenenfalls Penne durch Kartoffeln ersetzen)

Abendessen

Einfacher Salat

Tag 5:

Frühstück

Himbeer Kokos Chiapudding

Mittagessen

Bohnen Salat mit Räuchertofu (gegebenenfalls Nüsse durch Mandeln oder Erdmandeln ersetzen)

Abendessen

Tomatensuppe

Tag 6:

Frühstück

Beeren Smoothie Bowl

Mittagessen

Kichererbsen Tofu Bowl (gegebenenfalls Kichererbsen durch Kartoffeln ersetzen)

Abendessen

Avocado Mais Salat

Tag 7:

Frühstück

Schoko Vanille Chiapudding

Mittagessen

Erdbeere Spinat Salat (gegebenenfalls Nüsse durch Mandeln oder Erdmandeln ersetzen)

Abendessen

Kalte Curry Kokos Suppe

Tipps für die basische Ernährung

Vielleicht stehen Sie momentan noch auf dem Schlauch was basische Ernährung betrifft, somit möchte ich Ihnen hier ein paar kleine Tipps geben, die sehr einfach zu befolgen sind, aber schon großes bewirken können.

1.Tipp: Viel Gemüse und Obst

Da eine basische Ernährung auf eine pflanzliche Ernährungsform abzielt, kann es auch schon helfen mehr Gemüse und Obst in Ihren Ernährungsplan zu integrieren. Achten Sie hierbei darauf am besten regional und somit auch saisonales Obst und Gemüse zu kaufen, da dies meist reif geerntet wird. Die Reife spielt eine große Rolle bei der Verstoffwechslung und der damit zusammenhängenden Produktion von Säuren und Basen in unserem Körper. Je reifer die Frucht oder das Gemüse ist, desto besser werden sie basisch verstoffwechselt.

2.Tipp: Frische Zutaten

Greifen Sie so oft Sie können zu frischen Zutaten. Denn Aromen, Geschmacksverstärker oder sonstige Zusatzstoffe bringen Ihren Säure-Base Haushalt durcheinander, da sie den Säurespiegel in die Höhe schießen lassen. Kochen Sie also möglichst mit frischem Gemüse und greifen Sie nicht so oft zu den abgepackten Lebensmitteln. Wer selber kocht tut seinem Körper etwas Gutes. Machen Sie von nun an Salatdressings oder auch Saucen selbst. Lassen Sie sich nicht von angeblich gesunden, abgepackten Lebensmittel in die Irre führen, auch so mancher abgepackter Smoothie enthält Zusatzstoffe, die Sie ganz einfach meiden können. In diesem Rezeptbuch finden Sie einige Smoothie Rezepte für Zuhause. Probieren Sie sie aus!

3.Tipp: Regelmäßige Mahlzeiten

Die Basis jeder gesunden Ernährung ist, regelmäßig zu essen. Sie tun Ihrem Körper nichts Gutes wenn Sie eine Mahlzeit auslassen oder noch spät abends essen. Wer vor dem Schlafen isst, schläft nicht nur unruhig, sondern hemmt den Entgiftungsprozess, welcher vor allem in der Ruhezeit am Arbeiten ist. Versuchen Sie drei Mahlzeiten am Tag zu essen und dies zu geregelten Zeiten.

4.Tipp: Balance

Basische Rezepte bestehen hauptsächlich aus veganen Zutaten, dies heißt jedoch nicht, dass Sie nie wieder tierische Produkte essen sollen oder diese schlecht sind für Ihren Körper. Sie sollten sich an die einfache 80/20 Regel halten, damit können Sie nichts Falsches tun. Gönnen Sie sich ruhig hin und wieder, was Sie persönlich gerne essen. Wer sich zu strikte Regeln setzt, gibt schnell auf. Mit kleinen Ausnahmen halten wir unsere gesunde Ernährung aufrecht. Denn alles ist in Maßen gesund und nicht verwerflich.

5.Tipp: Langsam essen

Nehmen Sie sich Zeit zum Essen und kauen Sie auch gründlich und langsam. Essen Sie zu schnell und zu hektisch, dann kehrt erst das Sättigungsgefühl ein, nachdem Sie schon so viel gegessen haben. Wer langsam kaut und sich auf seine Mahlzeit konzentriert und nicht nur schnell nebenbei isst, isst weniger und auch gesünder.

6.Tipp: Viele Kräuter

Setzen Sie beim Würzen mehr auf Kräuter als auf Salz. Gewürze wie Basilikum, Oregano und Petersilie geben Ihnen nicht nur eine Menge Vitamine und Mineralstoffe mit, sondern auch Öl- und Bitterstoffe, die Ihrem Gericht einen ganz anderen, und damit intensiveren Geschmack, verleihen.

7. Tipp: Gesunde Snacks

Wir alle kennen es, wir kriegen Hunger zwischen unseren Hauptmahlzeiten und schon greifen wir zu Snacks, leider aber häufig zu Snacks die weder sättigen noch gesund sind. Häufig passiert uns das wenn wir unser Zuhause verlassen, auf dem Weg zur Arbeit zum Beispiel. Sie kennen es auch, das Croissant auf dem Weg zur Arbeit ist praktisch. Für solche Momente sollten Sie immer Snacks in Ihrer Tasche haben, von frischem Obst bis Rohkost oder auch selbstgemachte Sandwiches ist alles erlaubt. Aber auch für Zuhause sollten Sie immer gewappnet sein. Nicht selten greift man da gerne zur Schokolade oder den Chips. Bereiten Sie sich vor in dem Sie immer Obst, Gemüse und auch Nüsse auf Vorrat haben.

8. Tipp: Einkaufsplan

Gehen Sie ohne eine Einkaufsliste einkaufen, sind Sie umso anfälliger für Angebote und all die Leckereien, die Sie nur so angucken. Schreiben Sie vor jedem Einkauf eine Liste der Zutaten, die Sie benötigen. Somit kaufen Sie nicht nur weniger, sondern fallen auch nicht in Versuchung etwas zu kaufen, was Sie überhaupt nicht brauchen. Eine Idee für Ihren Wochenplaner habe ich später für Sie in diesem Buch vorbereitet.

Lebensmittelliste: Sauer oder basisch?

Liste basischer Lebensmittel

Basenbildendes Obst:	Basenbildendes Gemüse	Basische Kräuter
Apfel	Algen	Basilikum
Ananas	Artischocken	Bohnenkraut
Aprikosen	Aubergine	Brennnessel
Avocado	Staudensellerie	Chilischoten
Banane	Blumenkohl	Dill
Birne	Bohnen	Gartenkresse
Clementine	Brokkoli	Ingwer
Datteln	Chicorée	Kapern
Erdbeere	Chinakohl	Kardamom
Feige	Erbsen	Kerbel
Grapefruit	Fenchel	Koriander
Heidelbeeren	Frühlingszwiebeln	Kresse
Himbeere	Grünkohl	Kreuzkümmel
Honigmelone	Gurken	Kümmel
Johannisbeere	Karotten	Kurkuma
Kirschen	Kartoffeln	Liebstöckel
Kiwi	Knoblauch	Löwenzahn
Limette	Kohlrabi	Majoran
Mandarine	Kürbis	Meerrettich
	Lauch	Melisse
	Mangold	Muskatnuss
	Okraschoten	Nelken
	Paprika	Oregano
	Pastinaken	Petersilie
	Radieschen	Pfeffer
	Rettich	Pfefferminze
		Piment
		Rosmarin
		Safran
		Salbei

• Mango • Mirabelle • Nektarine • Oliven • Orangen • Pampelmusen • Papaya • Pfirsich • Pflaumen • Preiselbeere • Quitten • Stachelbeeren • Sternfrucht • Wassermelone • Weintrauben • Zitronen • Zwetschgen	• Romanesco • Rosenkohl • Rote Beete • Rotkohl • Schalotten • Spitzkohl • Süßkartoffeln • Tomaten • Weißkohl • Wirsing • Zucchini • Zwiebeln • Pilze • Sprossen	• Schnittlauch • Thymian • Vanille • Zimt • Zuckerhut

Sonstige basische Lebensmittel:

- Mandeln
- Erdmandeln
- Samen
- Früchtesmoothies
- Kräutertees

Liste guter Säurebildner

- Bio Dinkel (in kleinen Mengen)
- Bio Gerste (in kleinen Mengen)
- Bulgur
- Couscous
- Hafer
- Haferflocken
- Hirse
- Vollkornreis
- Linsen
- Kichererbsen
- Bio Kakao
- Mais
- Quinoa
- Amarant
- Buchweizen
- Bio Eier (in kleinen Mengen)
- Bio Tofu
- Miso
- Tempeh
- Reismilch
- Hafermilch
- Sojamilch

- Nüsse

Liste schlechter Säurebildner

Schlechte tierische Säurebildner	Schlechte pflanzliche Säurebildner
• Eier aus konventioneller Landwirtschaft • Fisch aus konventioneller Landwirtschaft • Meeresfrüchte aus konventioneller Landwirtschaft • Fleisch aus konventioneller Landwirtschaft • Wurstwaren • Schinken • Quark • Joghurt • Kefir • Käse • Milch	• Weinessig • Balsamico • Fertigprodukte • Weizenprodukte • Sauerkonserven • Zucker • Kaffee • Alkohol

Gesundes Frühstück

Himbeer-Kokos Chiapudding

Zubereitungszeit: 5 Minuten

Schwierigkeitsgrad: einfach

Zutatenliste für 2 Portionen:
180g Himbeeren, 200ml Kokosmilch, 1 EL Reissirup, 1 Zitrone, 3 EL Chiasamen

Zubereitung:
1. Geben Sie die Himbeeren, die Kokosmilch, eine gepresste Zitrone und den Reissirup in einen Mixer und vermischen Sie alles gut.

2. Verteilen Sie nun die Mischung in zwei Gläser, die Sie später gut abdecken können. Mengen Sie jetzt auch die Chiasamen mit unter.

3. Stellen Sie beide Gläser über Nacht in den Kühlschrank. Am nächsten Tag ist der Pudding perfekt.

Nährwertangaben pro Portion
255 kcal, Fett 10g, Kohlenhydrate 35g , Eiweiß 9g, Ballaststoffe 11g

Kaki Chiapudding

Zubereitungszeit: 5 Minuten

Schwierigkeitsgrad: einfach

Zutatenliste für 2 Portionen:
200ml Mandelmilch, 3 EL Chiasamen, 1 TL Vanilleextrakt, 2 Kaki, 1 TL Kokosflocken, 1 TL Granatapfelkerne

Zubereitung:
1. Vermengen Sie die Mandelmilch, die Chiasamen und den Vanilleextrakt miteinander. Lassen Sie alles über Nacht in einem Behälter im Kühlschrank stehen.

2. Am nächsten Morgen halbieren Sie die Kakis und holen mit einem Löffel das Fruchtfleisch heraus. Geben Sie dies in einen Mixer und pürieren Sie es.

3. Geben Sie nun den Chiapudding in eine Schüssel, geben Sie etwas von der Kaki drüber und garnieren Sie mit Granatapfelkernen und Kokosflocken.

Nährwertangaben pro Portion
311 kcal, Fett 10g, Kohlenhydrate 50g , Eiweiß 9g, Ballaststoffe 13g

Schoko Vanille Chiapudding

Zubereitungszeit: 5 Minuten

Schwierigkeitsgrad: einfach

Zutatenliste für 2 Portionen:
200ml Mandelmilch, 3 EL Chiasamen, 1 EL Reissirup, 2 EL Kakaopulver, 1 TL Vanilleextrakt, 100g frische Beeren

Zubereitung:
1. Vermengen Sie die Mandelmilch, die Chiasamen, den Reissirup, das Kakaopulver und den Vanilleextrakt miteinander.

2. Geben Sie alles in ein Gefäß und lassen Sie es über Nacht im Kühlschrank.

3. Am nächsten Tag können Sie den Pudding mit Beeren Ihrer Wahl garnieren.

Nährwertangaben pro Portion
240 kcal, Fett 11g, Kohlenhydrate 26g , Eiweiß 11g, Ballaststoffe 17g

Schoko Mandel Overnight Oats

Zubereitungszeit: 5 Minuten

Schwierigkeitsgrad: einfach

Zutatenliste für 2 Portionen:
80g Haferflocken, 2 EL ungesüßten Kakao, 1 EL Leinsamen, 300ml Mandelmilch, 2 EL Reissirup, 2 kleine Bananen, Handvoll Beeren, eine Handvoll Mandeln, 1 EL Mandelmus

Zubereitung:
1. Vermengen Sie die Haferflocken, Leinsamen, den Kakao, Reissirup mit der Mandelmilch. Geben Sie alles in ein Gefäß und lassen Sie es über Nacht im Kühlschrank.

2. Am nächsten Morgen schälen Sie die Banane und schneiden Sie in Scheiben.

3. Verteilen Sie die Overnight Oats und garnieren Sie sie mit den Bananen, den Beeren, Mandeln und jeweils einen halben EL Mandelmus.

Nährwertangaben pro Portion
490 kcal, Fett 29g, Kohlenhydrate 64g , Eiweiß 14g, Ballaststoffe 15g

Apfel Zimt Overnight Oats

Zubereitungszeit: 5 Minuten

Schwierigkeitsgrad: einfach

Zutatenliste für 2 Portionen:
80g Haferflocken, 1 ½ Äpfel, 300ml Mandelmilch, 2 EL Reissirup, ½ TL Zimt, Handvoll Pekannüsse

Zubereitung:
1. Vermengen Sie die Haferflocken, Zimt und Reissirup mit der Mandelmilch. Geben Sie alles in ein Gefäß und lassen Sie es über Nacht im Kühlschrank.

2. Am nächsten Morgen waschen Sie die Äpfel und schneiden Sie sie in kleine Würfel. Hacken Sie ebenfalls Pekannüsse klein.

3. Verteilen Sie die Overnight Oats und garnieren Sie sie mit den Äpfeln und Pekannüssen.

Nährwertangaben pro Portion
389 kcal, 17,6g Fett, 46,95g Kohlenhydrate, 8,5g Eiweiß, 9,6g Ballaststoffe

Zitronen Blaubeer Overnight Oats

Zubereitungszeit: 5 Minuten

Schwierigkeitsgrad: einfach

Zutatenliste für 2 Portionen:
80g Haferflocken, 1 EL Chiasamen 300ml Kokosmilch, 2 EL Reissirup, Schale einer Zitrone, 1 TL Vanille, 150g Blaubeeren

Zubereitung:
1. Vermengen Sie die Haferflocken, Chiasamen, geriebene Zitronenschale, Vanilleextrakt und Reissirup mit der Kokosmilch. Geben Sie alles in ein Gefäß und lassen Sie es über Nacht im Kühlschrank.

2. Am nächsten Morgen waschen Sie die die Blaubeeren.

3. Verteilen Sie die Overnight Oats und garnieren Sie sie mit den Blaubeeren.

Nährwertangaben pro Portion
574 kcal, 36,5g Fett, 46g Kohlenhydrate , 8,9g Eiweiß, 14g Ballaststoffe

Quinoa Müsli

Zubereitungszeit: 10 Minuten

Schwierigkeitsgrad: einfach

Zutatenliste für 8-10 Portionen:
500g gekochten Quinoa, 150g Mandeln, 100g Sesam, 3 EL Chiasamen, 200g Reissirup, 2 EL Kokosöl, 1 EL Vanilleextrakt, Salz

Zubereitung:
1. Heizen Sie Ihren Ofen auf 180 Grad vor.

2. Zerhacken Sie die Mandeln und geben Sie danach den gekochten Quinoa, Sesam, Chiasamen, Reissirup, Vanilleextrakt, die Mandeln und eine Prise Salz in einer Schüssel.

3. Bringen Sie als nächstes das Kokosöl zum Schmelzen und geben Sie es danach mit in die Schüssel.

4. Nun vermengen Sie alles gut miteinander.

5. Geben Sie nun das Müsli in eine Form oder auch ein Backblech und drücken Sie alles etwas fest.

6. Backen Sie nun alles für 10 Minuten im Backofen. Lassen Sie danach alles gut abkühlen.

7. Das Müsli können Sie gut zu Oats oder auch Mandelmilch essen.

Nährwertangaben pro Portion
302 kcal, 18g Fett , 27g Kohlenhydrate, 9g Eiweiß, 6g Ballaststoffe

Bananen Granola

Zubereitungszeit: 10 Minuten

Schwierigkeitsgrad: einfach

Zutatenliste für 8-10 Portionen:
400g Haferflocken, 1 Banane, 50g Mandelstifte, 100g Pekannüsse, 50g Kokosöl, 3 EL Reissirup, 3 TL Zimt

Zubereitung:
1. Heizen Sie Ihren Backofen auf 180 Grad vor.

2. Mischen Sie Haferflocken, Mandelstifte, Pekannüsse in einer Schüssel miteinander.

3. Schälen Sie die Banane und zerstampfen Sie sie mit einer Gabel bis eine Art Mus entsteht.

4. Schmelzen Sie in einem Topf Kokosöl mit dem Sirup. Heben Sie den Bananen-Mus und den Zimt unter.

5. Vermischen Sie schließlich die Haferflocken Mischung mit dem Kokosgemisch.

6. Verteilen Sie das Granola gleichmäßig auf einem Backblech und drücken Sie es leicht an.

7. Backen Sie das Granola für 10 Minuten in dem Ofen.

Nährwertangaben pro Portion
310 kcal, 17g Fett , 29g Kohlenhydrate, 7g Eiweiß, 6g Ballaststoffe

Vanille Kokos Granola

Zubereitungszeit: 10 Minuten

Schwierigkeitsgrad: einfach

Zutatenliste für 8-10 Portionen:
300g Haferflocken, 50g Pekannüsse, 80 Cashews, 3 EL Chiasamen, 1 EL Sesam, 50g Kokosöl, 2 EL Reissirup, 1 TL gemahlene Vanille, 3 EL Kokoschips

Zubereitung:
1. Heizen Sie Ihren Backofen auf 180 Grad vor.

2. Mischen Sie Haferflocken, Pekannüsse, Cashews, Chiasamen und Sesam miteinander.

3. Schmelzen Sie in einem Topf Kokosöl zusammen mit dem Sirup. Heben Sie das Vanille unter.

4. Vermischen Sie schließlich die Haferflocken Mischung mit dem Kokosgemisch.

5. Verteilen Sie das Granola gleichmäßig auf einem Backblech und drücken Sie es leicht an.

6. Backen Sie das Granola für 10 Minuten in dem Ofen.

7. Heben Sie nach dem Abkühlen die Kokoschips unter das Granola.

Nährwertangaben pro Portion
330 kcal, 20g Fett , 25g Kohlenhydrate, 9g Eiweiß, 6g Ballaststoffe

Grüne Smoothie Bowl

Zubereitungszeit: 5 Minuten

Schwierigkeitsgrad: einfach

Zutatenliste für 2 Portionen:
60g Spinat, 3 Bananen, 2 gefrorene Mangos, 200ml Kokosmilch, 1 EL Chiasamen, 1 EL Kokosflocken

Zubereitung:
1. Schneiden Sie 2 Bananen und 1 Mango in kleine Stücke.

2. Geben Sie nun den Spinat, die Bananen, die Mango und Kokosmilch in einen Mixer und pürieren Sie alles zu einem festen Smoothie.

3. Schneiden Sie jetzt auch die andere Banane und die Mango in Ihre gewünschte Größe zum Garnieren.

4. Verteilen Sie den Smoothie auf zwei Schüsseln und garnieren Sie mit den geschnittenem Obst, den Chiasamen und den Kokosflocken.

Nährwertangaben pro Portion
578 kcal, 30g Fett , 70g Kohlenhydrate, 13,6g Eiweiß, 23,4g Ballaststoffe

Beeren Smoothie Bowl

Zubereitungszeit: 5 Minuten

Schwierigkeitsgrad: einfach

Zutatenliste für 2 Portionen:
400g gefrorene Beeren, eine mittlere Rote Beete, 1 Banane, 2 EL Leinsamen, 30g Spinat, 100ml Mandelmilch

Zubereitung:
1. Geben Sie alle Zutaten (nur 300g Beeren) in einen Mixer und vermengen es zu einem festen Smoothie.

2. Verteilen Sie den Smoothie gleichmäßig auf zwei Schüssel und garnieren Sie die Bowl mit den anderen Beeren.

Nährwertangaben pro Portion
328 kcal, 6g Fett , 46g Kohlenhydrate, 7,2g Eiweiß, 10,7g Ballaststoffe

Heidelbeer Avocado Smoothie Bowl

Zubereitungszeit: 5 Minuten

Schwierigkeitsgrad: einfach

Zutatenliste für 2 Portionen:
350g gefrorene Heidelbeeren, 1 Avocado, 200ml Mandelmilch, ½ T Vanilleextrakt, 1 EL Reissirup, 20g Mandeln, 1 EL Chiasamen

Zubereitung:
1. Schneiden Sie die Mandeln in dünne Scheiben.

2. Vermischen Sie 250g Heidelbeeren, Avocado, Mandelmilch, Vanilleextrakt und Reissirup in einem Mixer.

3. Verteilen Sie den Smoothie auf zwei Schüsseln und garnieren Sie mit den Rest Heidelbeeren, den geschnittenen Mandeln und den Chiasamen.

Nährwertangaben pro Portion
449 kcal, 77g Fett , 46g Kohlenhydrate, 36g Eiweiß, 23,7g Ballaststoffe

Preiselbeere Orangen Smoothie Bowl

Zubereitungszeit: 5 Minuten

Schwierigkeitsgrad: einfach

Zutatenliste für 2 Portionen:
350g gefrorene Preiselbeeren, 2 Bananen, 5 Orangen, ½ Granatapfel, 1 TL Vanilleextrakt, Prise Zimt

Zubereitung:
1. Geben Sie 4 Orangen, die Preiselbeeren, die Bananen, den Vanilleextrakt und Zimt in einen Mixer und vermengen es zu einem festen Smoothie.

2. Verteilen Sie den Smoothie gleichmäßig auf zwei Schüssel und garnieren Sie die Bowl mit dem Rest Orangen und den Granatapfelkernen.

Nährwertangaben pro Portion
341 kcal, 59g Fett , 67,4g Kohlenhydrate, 33g Eiweiß, 18,9g Ballaststoffe

Kirsch Smoothie Bowl

Zubereitungszeit: 5 Minuten

Schwierigkeitsgrad: einfach

Zutatenliste für 2 Portionen:
450g gefrorene Kirschen, 2 Bananen, 200ml Kokoswasser, 30g Mandeln, 1 EL Kokosflocken

Zubereitung:
1. Geben Sie 350g Kirschen, Bananen und das Kokoswasser in einen Mixer und vermengen es gut miteinander.

2. Schneiden Sie die Mandeln in dünne Scheiben. Garnieren Sie den Smoothie mit Kokosflocken, ein paar Kirschen und den geschnittenen Mandeln.

Nährwertangaben pro Portion
391 kcal, 1,6g Fett , 69g Kohlenhydrate, 9,4g Eiweiß, 13,5g Ballaststoffe

Spinat Smoothie

Zubereitungszeit: 5 Minuten

Schwierigkeitsgrad: einfach

Zutatenliste für 2 Portionen:
2 Äpfel, 1 Banane, 125g Spinat, 1 EL Zitrone, 250ml Wasser

Zubereitung:
1. Schneiden Sie die Äpfel und die Banane klein.

2. Geben Sie nun alle Zutaten in einen Mixer und vermengen Sie alles gut miteinander.

Nährwertangaben pro Portion
134 kcal, 1,2g Fett, 28,1g Kohlenhydrate , 2g Eiweiß, 8,4g Ballaststoffe

Rote Beete Smoothie

Zubereitungszeit: 10 Minuten

Schwierigkeitsgrad: einfach

Zutatenliste für 2 Portionen:
1 rote Beete, halbe Gurke, handvoll Spinat, 1 Apfel, 1 Orange, 2 EL Leinsamen, 300ml Wasser

Zubereitung:
1. Schälen Sie die rote Beete und vierteln Sie sie.

2. Waschen Sie die Gurke und den Apfel und schneiden Sie beides in grobe Stücke.

3. Schälen Sie auch die Orange und halbieren Sie sie.

4. Geben Sie nun alle Zutaten zusammen mit 300ml Wasser in den Mixer und vermengen alles gut miteinander.

Nährwertangaben pro Portion
206 kcal, 5,3g Fett , 17,3g Kohlenhydrate, 8,7g Eiweiß, 11,3g Ballaststoffe

Pina Colada Smoothie

Zubereitungszeit: 5 Minuten

Schwierigkeitsgrad: einfach

Zutatenliste für 2 Portionen:
225g Ananas, 1 Banane, ½ Tasse Kokosflocken, 200ml Kokosmilch, 100ml Wasser

Zubereitung:
1. Schneiden Sie die Ananas und die Banane in kleine Stücke.

2. Geben Sie alle Zutaten in einen Mixer und vermengen alles gut miteinander.

Nährwertangaben pro Portion
420 kcal, 29g Fett , 33,9g Kohlenhydrate, 3,9g Eiweiß, 7,7g Ballaststoffe

Schokoladen Smoothie

Zubereitungszeit: 5 Minuten

Schwierigkeitsgrad: einfach

Zutatenliste für 2 Portionen:
2 Bananen, 1 Avocado, 1 TL Kakaopulver, 200ml Hafermilch, 1 EL Reissirup

Zubereitung:
1. Teilen Sie die Avocado und entnehmen Sie das Fruchtfleisch. Schneiden Sie die Avocado und die Banane klein und geben Sie alles in den Mixer.

2. Geben Sie das Kakaopulver und die Hafermilch hinzu und pürieren Sie nun alles.

3. Nach Belieben können Sie den Smoothie mit etwas Reissirup süßen.

Nährwertangaben pro Portion
490 kcal, 33,8g Fett , 39,6g Kohlenhydrate, 6,3g Eiweiß, 11g Ballaststoffe

Karottenkuchen Smoothie

Zubereitungszeit: 5 Minuten

Schwierigkeitsgrad: einfach

Zutatenliste für 2 Portionen:
1 Karotte, 80 Haferflocken, 1 Banane, 1cm Ingwer, ½ TL Muskatnuss, ½ TL Vanilleextrakt, 200ml Kokosmilch, 1 EL Reissirup

Zubereitung:
1. Raspeln Sie eine gewaschene Karotte klein und schneiden Sie eine Banane.

2. Schälen Sie 1cm Ingwer und hacken Sie ihn klein.

3. Geben Sie nun alle Zutaten in einen Mixer und vermengen Sie alles miteinander.

4. Wenn Sie möchten können Sie den Smoothie mit etwas Reissirup süßen.

Nährwertangaben pro Portion
463 kcal, 24g Fett , 50,2g Kohlenhydrate, 8,4g Eiweiß, 9,3g Ballaststoffe

Gesunde Suppen

Kalte Curry Kokos Suppe

Zubereitungszeit: 10 Minuten

Schwierigkeitsgrad: einfach

Zutatenliste für 4 Portionen:
2 Avocados, 200ml Kokosmilch, 1 TL Curry, 650ml Gemüsebrühe, Saft einer Zitrone, 1 TL Salz, Pfeffer

Zubereitung:
1. Halbieren Sie die Avocados und holen Sie da Fruchtfleisch mit einem Löffel heraus.

2. Geben Sie alle Zutaten in einen Mixer und vermengen Sie es bis eine sämige Konsistenz entsteht.

3. Die Suppe kann kalt oder auch bei Raumtemperatur gegessen werden.

Nährwertangaben pro Portion
242 kcal, 23g Fett , 5,9g Kohlenhydrate, 2,5g Eiweiß, 3g Ballaststoffe

Zucchini Suppe

Zubereitungszeit: 10 Minuten

Schwierigkeitsgrad: einfach

Zutatenliste für 4 Portionen:
4 Zucchini, 1 Zwiebel, 800ml Gemüsebrühe, 2 Knoblauchzehe, 200ml Kokosmilch, Salz, Pfeffer, Zitronensaft, Olivenöl

Zubereitung:
1. Waschen Sie die Zucchini und schneiden Sie die klein. Schälen Sie auch die Zwiebel und den Knoblauch und würfeln Sie beides. Braten Sie danach alles in einem Topf mit Olivenöl kurz an.

2. Geben Sie nun die Gemüsebrühe hinzu und lassen Sie alles mit Deckel für 5 Minuten köcheln.

3. Pürieren Sie nach 5 Minuten all die Zutaten im Topf.

4. Geben Sie jetzt die Kokosmilch hinzu und lassen alles nochmal aufkochen.

5. Träufeln Sie jetzt ein wenig Zitrone in die Suppe und schmecken Sie die Suppe mit Salz und Pfeffer ab.

Nährwertangaben pro Portion
307 kcal, 25,7g Fett , 12,5g Kohlenhydrate, 6,1g Eiweiß, 5,2g Ballaststoff

Karotten Ingwer Suppe

Zubereitungszeit: 10 Minuten

Schwierigkeitsgrad: einfach

Zutatenliste für 4 Portionen:
8 Möhren, 2 Knoblauchzehen, 2 Zwiebeln, 4cm Ingwer, 2 EL Saft einer Orange, ½ TL Kurkuma, 600ml Gemüsebrühe, ½ TL Salz, ½ TL Pfeffer, Olivenöl

Zubereitung:
1. Schälen Sie die Zwiebeln, den Knoblauch und die Möhren. Hacken Sie alles in grobe Würfel. Erhitzen Sie einen Topf mit etwas Olivenöl und braten alles darin für 8 Minuten an.

2. Schälen Sie in der Zwischenzeit den Ingwer und schneiden Sie in grob.

3. Geben Sie nun die Gemüsebrühe, den Saft einer Orange, den Kurkuma, Salz, Pfeffer und den Ingwer hinzu. Lassen Sie alles kurz aufkochen.

4. Nehmen Sie den Topf vom Herd und pürieren Sie alles mit einem Stabmixer.

Nährwertangaben pro Portion
161 kcal, 7g Fett , 22g Kohlenhydrate, 4g Eiweiß, 5g Ballaststoffe

Avocado Spinat Suppe

Zubereitungszeit: 10 Minuten

Schwierigkeitsgrad: einfach

Zutatenliste für 4 Portionen:
600g Spinat, 1 Avocado, 2 Stangen Lauch, ½ Zitrone, ½ Knollensellerie, 2 Knoblauchzehen, 750ml Gemüsebrühe, Prise Muskat, Salz, Pfeffer, Olivenöl

Zubereitung:
1. Putzen Sie den Lauch und schneiden Sie in anschließend in Ringe. Schälen und würfeln Sie den Sellerie und hacken Sie den Knoblauch fein.

2. Erhitzen Sie in einem Topf Olivenöl und braten Sie den Sellerie und den Lauch an. Löschen Sie danach alles mit Gemüsebrühe ab und geben Sie den Spinat hinzu.

3. Nachdem Sie alles für 10 Minuten haben köcheln lassen, halbieren Sie die Avocado und geben das Fruchtfleisch hinzu. Nun pürieren Sie alles mit einem Stabmixer.

4. Schmecken Sie alles mit Salz, Pfeffer und Muskatnuss ab.

Nährwertangaben pro Portion
265 kcal, 23,1g Fett , 6,8g Kohlenhydrate, 3,1g Eiweiß, 6,8g Ballaststoffe

Tomatensuppe

Zubereitungszeit: 10 Minuten

Schwierigkeitsgrad: einfach

Zutatenliste für 4 Portionen:
1 Zwiebel, 800g gehackte Tomaten, 240ml Gemüsebrühe, 2 TL Reissirup, Bund Basilikum, 6 EL Tomatenmark, 2 TL Paprikapulver, 500ml Kokosmilch, Olivenöl, Salz, Pfeffer

Zubereitung:
1. Hacken Sie den Bund Basilikum klein und schneiden Sie die Zwiebel in Streifen.

2. Erhitzen Sie etwas Olivenöl in einem Topf und braten Sie die Zwiebeln an. Geben Sie danach die Tomaten hinzu.

3. Löschen Sie alles mit der Brühe ab und geben Sie die restlichen Zutaten hinzu. Lassen Sie alles für 10 Minuten kochen.

4. Pürieren Sie alles mit einem Stabmixer und schmecken Sie die Suppe mit Salz und Pfeffer ab.

Nährwertangaben pro Portion
467 kcal, 33,7g Fett , 23g Kohlenhydrate, 4,7g Eiweiß, 7,3g Ballaststoffe

Brokkoli Suppe

Zubereitungszeit: 10 Minuten

Schwierigkeitsgrad: einfach

Zutatenliste für 4 Portionen:
500g Brokkoli, 2 Sellerie, 2 Pastinaken, 1 Zwiebel, 1 Möhre, 90g Spinat, 700ml Gemüsebrühe, 150ml Kokosmilch, Kokosöl, Petersilie

Zubereitung:
1. Zerteilen Sie den Brokkoli in Röschen und waschen Sie ihn. Schälen Sie Zwiebeln und hacken Sie sie fein. Schneiden Sie den Sellerie in Würfeln. Schälen Sie die Pastinaken und die Möhre und schneiden Sie sie in grobe Stücke.

4. Waschen Sie den Spinat und stellen Sie ihn erst einmal beiseite.

5. Erhitzen Sie Kokosöl in einem Topf und braten Sie darin die Zwiebel, die Pastinaken und die Möhren an. Löschen Sie alles mit der Gemüsebrühe ab. Geben Sie nun den Brokkoli und den Sellerie hinzu und lassen alles für 8 Minuten köcheln.

7. Heben Sie als nächstes den Spinat unter und nehmen Sie den Topf vom Herd. Pürieren Sie alles mit Ihrem Stabmixer und geben schließlich die Kokosmilch hinzu.

8. Kochen Sie die Suppe nochmal auf und schmecken Sie mit Salz und Pfeffer ab. Garnieren Sie zum Schluss mit gehackter Petersilie.

Nährwertangaben pro Portion
241 kcal, 14,8g Fett , 15,2g Kohlenhydrate, 7g Eiweiß, 7,6g Ballaststoffe

Kalte Zucchini Suppe

Zubereitungszeit: 5 Minuten

Schwierigkeitsgrad: einfach

Zutatenliste für 4 Portionen:
600g Zucchini, ½ Gurke, 1 gelbe Paprika, 2 Frühlingszwiebeln, 1 Pck. Kresse, 1 Bund Petersilie, 2 Knoblauchzehen, 2 EL Zitronensaft, 4 EL Olivenöl, Salz, Pfeffer

Zubereitung:
1. Putzen Sie das Gemüse und schneiden Sie es in grobe Stücke. Trennen Sie auch die Kräuter vom Stiel.

2. Jetzt geben Sie alle Zutaten und 300ml Wasser in einen Mixer und püriert alles.

3. Die kalte Suppe kann man schon jetzt essen oder auch 1 Stunde erst mal kalt stellen.

Nährwertangaben pro Portion
173 kcal, 14g Fett , 6,9g Kohlenhydrate, 3,2g Eiweiß, 2,8g Ballaststoffe

Hauptspeisen

Kichererbsen Zucchini Pfanne

Zubereitungszeit: 10 Minuten

Schwierigkeitsgrad: einfach

Zutatenliste für 4 Portionen:
6 kleine Zucchini, 2 Dosen Kichererbsen, 2 Knoblauchzehen, 4 EL Sesam, Bund Petersilie, Salz, Pfeffer, Olivenöl

Zubereitung:
1. Schneiden Sie die Zucchini in Scheiben. Erhitzen Sie sie zusammen mit Olivenöl in einer Pfanne.

2. Waschen Sie währenddessen die Kichererbsen und lassen Sie sie abtropfen.

3. Schälen Sie den Knoblauch und hacken Sie ihn fein. Geben Sie ihn mit in die Pfanne und lassen Sie alles für 5 Minuten braten.

4. Heben Sie die gehackte Petersilie und den Sesam unter.

5. Schmecken Sie zum Schluss die Pfanne mit Salz und Pfeffer ab.

Nährwertangaben pro Portion
356 kcal, 9,6g Fett , 27,6g Kohlenhydrate, 15,7g Eiweiß, 11,5g

Ballaststoffe

Tahini Penne

Zubereitungszeit: 10 Minuten

Schwierigkeitsgrad: einfach

Zutatenliste für 4 Portionen:
selbstgemachtes Tahiti-Dressing, 450g Dinkel Penne, ¼ Rotkohl, 2 Möhren, ½ Gurke, 4 Frühlingszwiebeln

Zubereitung:
1. Kochen Sie die Penne nach Packungsbeilage.

2. Bereiten Sie das Tahini Dressing nach S.70 zu.

3. Waschen Sie das Gemüse und raspeln Sie es in lange Stifte.

4. Vermengen Sie das Dressing, das Gemüse und die Penne miteinander.

Nährwertangaben pro Portion
592 kcal, 14,1g Fett , 96,4g Kohlenhydrate, 18,4g Eiweiß,

11,7g Ballaststoffe

Avocado Pesto Pasta

Zubereitungszeit: 10 Minuten

Schwierigkeitsgrad: einfach

Zutatenliste für 4 Portionen:
450g Dinkel Penne, 1 Avocado, Bund Basilikum, 30g Spinat, 3 Knoblauchzehen, 2 EL Cashews, Saft einer Zitrone, 150g Cherry Tomaten, Salz, Pfeffer, Olivenöl

Zubereitung:
1. Kochen Sie die Penne nach Packungsbeilage.

2. Währenddessen bereiten Sie das Pesto vor. Halbieren Sie hierfür eine Avocado und entnehmen Sie das Fruchtfleisch mit einem Löffel.

3. Geben Sie alle restlichen Zutaten zusammen mit der Avocado und ½ TL Pfeffer, ½ TL Salz und 2 EL Olivenöl in einen Mixer und vermengen alles gut miteinander.

4. Waschen Sie die Cherry Tomaten und halbieren Sie sie.

5. Vermengen Sie nun die Nudeln mit dem Pesto und garnieren Sie mit den Tomaten.

Nährwertangaben pro Portion
416 kcal, 2g Fett , 52g Kohlenhydrate, 11g Eiweiß, 6g Ballaststoffe

Penne mit Aubergine

Zubereitungszeit: 10 Minuten

Schwierigkeitsgrad: einfach

Zutatenliste für 4 Portionen:
600g Auberginen, 450g Dinkel Penne, 300g Cherry Tomaten, 1 Zwiebel, 1 Stange Sellerie, 300ml Gemüsebrühe, 2 Knoblauchzehen, 2 EL Tomatenmark, Olivenöl, Bund Basilikum, ½ Bund Oregano, etwas Petersilie, Salz, Pfeffer

Zubereitung:
1. Kochen Sie die Penne nach Packungsbeilage.

2. Schneiden Sie die Aubergine in Würfel und erhitzen Sie für 2 Minuten mit etwas Olivenöl in einer Pfanne. Stellen Sie die Aubergine erst einmal zur Seite.

3. Schälen Sie die Zwiebeln und Knoblauch und hacken Sie ihn fein. Schneiden Sie auch den Sellerie in kleine Würfel und halbieren Sie die Tomaten.

4. Erhitzen Sie etwas Olivenöl in einer Pfanne und braten Sie die Zwiebeln zusammen mit Knoblauch, Sellerie für 2 Minuten an. Geben Sie die Tomaten auch hinzu. Löschen Sie alles mit Gemüsebrühe ab und heben den Tomatenmark, Auberginen gehackten Oregano und Basilikum hinzu. Lassen Sie alles für 1 Minute köcheln.

5. Geben Sie nun die Radieschen, Nüsse und die gekochten Bohnen hinzu und verteilen Sie das Dressing gleichmäßig.

6. Richten Sie die Teller mit der Sauce an und garnieren Sie mit gehackter Petersilie.

Nährwertangaben pro Portion

620 kcal, 22g Fett , 80g Kohlenhydrate, 15g Eiweiß, 6g Ballaststoffe

Kichererbsen Tofu Bowl

Zubereitungszeit: 10 Minuten

Schwierigkeitsgrad: einfach

Zutatenliste für 4 Portionen:
2 Pck. Tofu, 2 Dosen Kichererbsen, 1 Gurke, 1 Zucchini, 60g Salat, 3 EL Sojasauce, 2 EL Kokosmilch, 2 EL Harissa Pulver, selbstgemachtes Tahini Dressing

Zubereitung:
1. Schneiden Sie zuerst den Tofu in Würfel.

2. Für die Marinade des Tofus vermengen Sie die Sojasauce, die Kokosmilch und das Harissa Pulver miteinander. Geben Sie die Marinade zusammen mit dem Tofu in eine Pfanne und braten Sie alles gut an.

3. Währenddessen können Sie schon einmal den Salat waschen und die Gurken und Zucchini in Streifen schneiden.

4. Wenn der Tofu von allen Seiten schön braun gebraten ist, können Sie

5. Zum Schluss geben Sie das selbstgemachte Dressing von S.70 hinzu.

Nährwertangaben pro Portion
477 kcal, 24,6g Fett , 32,1g Kohlenhydrate, 31,1g Eiweiß,

14,8g Ballaststoffe

Gesunde Salate

Orangen Wirsing Salat

Zubereitungszeit: 10 Minuten

Schwierigkeitsgrad: einfach

Zutatenliste für 2 Portionen:
500g Wirsing, 2 Orangen, 2 Handvoll Walnüsse

Zubereitung:
1. Waschen Sie den Wirsing und schneiden Sie den Strunk ab.

2. Kochen Sie ihn nun in Salzwasser für 2 Minuten. Schrecken Sie ihn danach mit kaltem Wasser ab und lassen Sie ihn gut abtropfen.

3. Schneiden Sie den Wirsing anschließend in grobe Stücke.

4. Schälen Sie die Orangen und schneiden Sie sie in mundgerechte Stücke.

5. Richten Sie den Salat mit Orangen und Walnüssen an. Als Dressing empfehle ich das Orangen Dressing von S.XYZ.

Nährwertangaben pro Portion
230 kcal, 11g Fett , 19g Kohlenhydrate, 7g Eiweiß, 5g Ballaststoffe

Avocado Mais Salat

Zubereitungszeit: 10 Minuten

Schwierigkeitsgrad: einfach

Zutatenliste für 4 Portionen:
3 Maiskolben, 1 Zwiebel, 1 Avocado, 1 Limette, Basilikum, Salz, Pfeffer

Zubereitung:
1. Holen Sie die Maiskerne mit einem Messer vom Kolben und kochen Sie sie in Wasser für 5 Minuten.

2. In der Zwischenzeit schneiden Sie die Zwiebel und die Avocado in kleine Stücke.

3. Nach 5 Minuten schrecken Sie den Mais ab und geben Sie ihn in eine Schüssel.

4. Vermengen Sie nun den Mais, die Zwiebel, die Avocado und die restlichen Zutaten miteinander.

Nährwertangaben pro Portion
114 kcal, 3g Fett , 20g Kohlenhydrate, 3g Eiweiß, 2g Ballaststoffe

Kohlrabi Salat mit Apfel

Zubereitungszeit: 10 Minuten

Schwierigkeitsgrad: einfach

Zutatenliste für 4 Portionen:
2 Kohlrabi, 2 Äpfel, 12 Radieschen, 2 Handvoll Walnüsse und Haselnüsse, 1 Bund Schnittlauch, 1 Bund Petersilie, 2 TL Leinsamen, 2 EL Apfelessig, 2 TL Senf, Olivenöl, Salz, Pfeffer

Zubereitung:
1. Schälen Sie den Kohlrabi und raspeln Sie ihn fein. Drücken Sie anschließend mit einem Sieb das Wasser aus ihm heraus.

2. Waschen Sie den Apfel und schneiden Sie ihn in kleine Würfel.

3. Waschen Sie die Radieschen und hacken Sie sie zusammen mit den Nüssen und den Kräutern klein.

4. Vermischen Sie nun 6 EL Olivenöl, 2 EL Apfelessig und 2 TL Senf miteinander.

5. Geben Sie nun alles in eine Schüssel und vermengen Sie alles gut miteinander. Schmecken Sie nach Belieben mit Salz und Pfeffer ab.

Nährwertangaben pro Portion
264 kcal, 17,3g Fett , 16,2g Kohlenhydrate, 7,6g Eiweiß,

7,3g Ballaststoffe

Erdbeere Spinat Salat

Zubereitungszeit: 10 Minuten

Schwierigkeitsgrad: einfach

Zutatenliste für 6 Portionen:
300g Spinat, ¼ rote Zwiebel, 100g Blaubeeren, ½ Avocado, 1kg Erdbeeren, 2 EL Reissirup, 50ml Olivenöl, 50ml Apfelessig, 1 EL Senf, 2 Knoblauchzehen, 1/2 TL Salz, ¼ TL Pfeffer, ¼ TL Paprikapulver, 3 Handvoll Pekannüsse

Zubereitung:
1. Vermischen Sie für das Dressing Olivenöl, Apfelessig, Senf, ½ TL Salz, ¼ TL Pfeffer und ¼ TL Paprikapulver. Schälen Sie die Knoblauchzehen, hacken Sie sie fein und geben Sie sie ebenfalls zum Dressing.

2. Waschen Sie den Spinat, Blaubeeren und Erdbeeren.

3. Schälen Sie die Zwiebel und schneiden Sie sie in Würfel. Halbieren Sie die Avocado und holen Sie das Fruchtfleisch mit einer Gabel raus. Schneiden Sie die Avocado anschließend in mundgerechte Stücke.

4. Geben Sie in eine Schüssel den Spinat, die Zwiebeln, die Blaubeeren und halbierte Erdbeeren.

5. Vermischen Sie den Salat mit dem Dressing und garnieren Sie mit halbierten Pekannüssen.

Nährwertangaben pro Portion
202 kcal, 13,7g Fett , 13,9g Kohlenhydrate, 2,4g Eiweiß,

6,1g Ballaststoffe

Guacamole Salat

Zubereitungszeit: 10 Minuten

Schwierigkeitsgrad: einfach

Zutatenliste für 4 Portionen:
2 Avocados, Bund Koriander, 1 rote Zwiebel, 4 Tomaten, 2 EL Olivenöl, 1 Limette, 1 EL Reissirup, 1 Knoblauchzehe, Salz

Zubereitung:
1. Vermengen Sie für das Dressing Olivenöl, Saft einer Limette, Reissirup, eine klein gehackte Knoblauchzehe und Salz miteinander.

2. Halbieren Sie die Avocado und holen Sie da Fruchtfleisch mit einem Löffel raus. Schneiden Sie die Avocado in kleine Stücke.

3. Schälen Sie die Zwiebel und hacken Sie sie fein.

4. Schneiden Sie die Tomaten in kleine Stücke und hacken Sie den Koriander fein.

5. Vermengen Sie nun in einer Schüssel alles miteinander.

Nährwertangaben pro Portion
216 kcal, 18g Fett , 15g Kohlenhydrate, 3g Eiweiß, 7g Ballaststoffe

Bohnen Salat mit Räuchertofu

Zubereitungszeit: 10 Minuten

Schwierigkeitsgrad: einfach

Zutatenliste für 4 Portionen:
200g Räuchertofu, 400g grüne Bohnen, 1 Zwiebel, 50g Walnüsse, 1 EL Sojasauce, Apfelessig, ½ Bund Petersilie, 1 EL Erdnussöl, Olivenöl, Salz, Pfeffer

Zubereitung:
1. Putzen Sie die Bohnen und halbieren Sie sie schräg. Bringen Sie sie in Salzwasser zum Kochen. Lassen Sie für 3 Minuten kochen. Schrecken Sie danach die Bohnen ab und stellen Sie sie beiseite.

2. Schneiden Sie den Tofu in Würfel und braten Sie ihn mit etwas Erdnussöl in einer Pfanne für eine Minute an. Schälen Sie in der Zwischenzeit die Zwiebel und hacken Sie sie fein. Geben Sie nun auch die Zwiebel mit in die Pfanne und braten Sie alles für zwei weitere Minuten an.

3. Für das Dressing vermengen Sie den Essig, die Sojasauce, Olivenöl, Salz und Pfeffer miteinander.

4. Richten Sie nun die Schüssel mit den Bohnen und dem Tofu an. Träufeln Sie etwas von dem Dressing rüber und garnieren Sie mit gehackten Walnüssen

5. Tipp: Lassen Sie den Bohnensalat ruhig 10 Minuten ziehen.

Nährwertangaben pro Portion
382 kcal, g Fett , 5g Kohlenhydrate, 14g Eiweiß, 5g Ballaststoffe

Radieschen Salat

Zubereitungszeit: 10 Minuten

Schwierigkeitsgrad: einfach

Zutatenliste für 4 Portionen:
600g Radieschen, 4 EL Sonnenblumenkerne, 2 EL Walnüsse, 300g weiße Bohnen, 1 Zwiebel, 8 EL Olivenöl, 4 EL Apfelessig, 2 TL Senf, 1 TL Salz, ½ TL Pfeffer

Zubereitung:
1. Schneiden Sie das Grün von den Radieschen ab und schneiden Sie sie in dünne Scheiben.

2. Rösten Sie die Sonnenblumenkerne und Walnüsse für ca. 2 Minuten in einer Pfanne ohne Öl.

3. Hacken Sie die Zwiebel klein und geben Sie sie in eine Schüssel.

4. Vermengen Sie in der Schüssel mit den Zwiebeln Olivenöl, Apfelessig, Senf, Salz und Pfeffer.

5. Geben Sie nun die Radieschen, Nüsse und die gekochten Bohnen hinzu und verteilen Sie das Dressing gleichmäßig.

Nährwertangaben pro Portion
509 kcal, 47g Fett , 19,4g Kohlenhydrate, 13,3g Eiweiß, 7g Ballaststoffe

Einfacher Salat

Zubereitungszeit: 10 Minuten

Schwierigkeitsgrad: einfach

Zutatenliste für 4 Portionen:
4 Tomaten, 1 Gurke, 1 rote Paprika, 1 Zwiebel, Bund Minze, Bund Petersilie, 2 EL Zitronensaft, 2 EL Olivenöl, Salz

Zubereitung:
1. Schneiden Sie all das Gemüse in mundgerechte Stücke.

2. Schälen Sie die Zwiebel und hacken Sie sie fein.

3. Waschen Sie die Minze und die Petersilie und hacken Sie sie ebenfalls klein.

4. Vermengen Sie nun alle Zutaten in einer Schüssel und schmecken Sie mit Salz ab.

Nährwertangaben pro Portion
81 kcal, 6g Fett , 8g Kohlenhydrate, 1g Eiweiß, 2g Ballaststoffe

Kichererbsen Grünkohl Salat

Zubereitungszeit: 10 Minuten

Schwierigkeitsgrad: einfach

Zutatenliste für 4 Portionen:
400g Grünkohl, 2 EL Kürbiskerne, 1 Dose Kichererbsen, ½ TL Knoblauchpulver, Salz, Olivenöl, selbstgemachtes Tahini Dressing

Zubereitung:
1. Waschen Sie die Kichererbsen und lassen Sie sie gut abtropfen.

2. Erhitzen Sie eine Pfanne mit Olivenöl und braten Sie die Kichererbsen zusammen mit dem Knoblauchpulver und einer Prise Salz für 5 Minuten an.

3. Waschen Sie den Grünkohl und schneiden Sie ihn in mundgerechte Stücke.

4. Bereiten Sie währenddessen das Tahini Dressing von S. 70 zu.

5. Richten Sie den Salat mit den gebratenen Kichererbsen und den Kürbiskernen an und träufeln Sie anschließend Dressing über den Salat. Nach Belieben können Sie noch mit Salz und Pfeffer etwas abschmecken.

Nährwertangaben pro Portion
278 kcal, 15,5g Fett , 28g Kohlenhydrate, 10g Eiweiß, 6,7g Ballaststoffe

Bohnen Mais Salat

Zubereitungszeit: 10 Minuten

Schwierigkeitsgrad: einfach

Zutatenliste für 4 Portionen:
4 Maiskolben, 1 Dose schwarze Bohnen, 1 rote Paprika, 1 rote Zwiebel, 2 EL Apfelessig, Bund Petersilie, 1 EL Olivenöl, Salz, Pfeffer

Zubereitung:
1. Holen Sie die Maiskerne mit einem Messer vom Kolben und kochen Sie sie in Wasser für 5 Minuten.

2. Schneiden Sie die rote Paprika in mundgerechte Stücke.

3. Schälen Sie die Zwiebel und hacken Sie sie fein.

4. Waschen Sie die Kräuter und hacken Sie sie ebenfalls klein.

5. Vermengen Sie nun alle Zutaten in einer Schüssel gut miteinander.

Nährwertangaben pro Portion
145 kcal, 2g Fett , 26g Kohlenhydrate, 7g Eiweiß, 7g Ballaststoffe

Rote Beete Salat mit Apfel

Zubereitungszeit: 10 Minuten

Schwierigkeitsgrad: einfach

Zutatenliste für 4 Portionen:
350g Rote Beete, 1 Apfel, Saft einer halben Zitrone, Pck. Kresse, 2 Handvoll Haselnüsse

Zubereitung:
1. Raspeln Sie die rote Beete und den Apfel in feine Streifen und marinieren Sie beides mit den Saft einer halben Zitrone.

2. Träufeln Sie nun etwas von dem Orangen Dressing von S.69 drüber.

3. Garnieren Sie den Salat mit gehackten Haselnüssen und etwas Kresse.

Nährwertangaben pro Portion
142 kcal, 9g Fett , 12g Kohlenhydrate, 3g Eiweiß, 4g Ballaststoffe

Gesunde Dressings

Orangen Dressing

Zubereitungszeit: 5 Minuten

Schwierigkeitsgrad: einfach

Zutatenliste für 6 Portionen:
180ml Walnussöl, 10g Orangenschale, Saft von 2 Orangen, 30g Schalotten, 1 TL Kurkuma, 1 TL Curry, 2 TL Senf, 2 EL Apfelessig, Salz

Zubereitung:
1. Raspeln Sie die Schale einer Bio-Orange.

2. Halbieren Sie die zwei Orangen und pressen Sie den Saft daraus.

3. Hacken Sie die Schalotten fein.

4. Nun vermengen Sie alles miteinander.

Nährwertangaben pro Portion
271 kcal, 30g Fett , 1,4g Kohlenhydrate, 0,2g Eiweiß, 0,3g Ballaststoffe

Tahini Dressing

Zubereitungszeit: 5 Minuten

Schwierigkeitsgrad: einfach

Zutatenliste für 6 Portionen:
6 EL Orangensaft, 2 EL Zitronensaft, 6 EL Tahini, 2 EL Olivenöl, 2 TL Reissirup, Prise Salz, Prise Pfeffer

Zubereitung:
1. Vermengen Sie 6 EL Saft von Orangen und 2 EL Saft von Zitronen zusammen mit Tahini, Olivenöl, Reissirup, Salz und Pfeffer.

2. Dieses Dressing eignet sich hervorragend zu einigen Salaten aber auch zu Quinoa Bowls.

Nährwertangaben pro Portion
142 kcal, 11,9g Fett , 6,6g Kohlenhydrate, 2,9g Eiweiß, 5g Ballaststoffe

Dips & Aufstriche

Tomaten Hummus

Zubereitungszeit: 5 Minuten

Schwierigkeitsgrad: einfach

Zutatenliste für 6 Portionen:
1 Dose Kichererbsen, eine Hand voll getrocknete Tomaten, 1 Knoblauchzehe, 2 EL Olivenöl

Zubereitung:
1. Schälen Sie die Knoblauchzehe und hacken Sie sie fein.

2. Lassen Sie die Kichererbsen ein wenig abtropfen.

3. Geben Sie nun alle Zutaten und ca. ¼ Tasse Wasser in einen Mixer und pürieren Sie alles.

Nährwertangaben pro Portion
114 kcal, 5,7g Fett , 10,6g Kohlenhydrate, 4g Eiweiß, 3,8g Ballaststoffe

Paprika Cashew Aufstrich

Zubereitungszeit: 10 Minuten

Schwierigkeitsgrad: einfach

Zutatenliste für 6 Portionen:
2 rote Paprika, 80g Cashews, 2 EL Olivenöl, ½ Bund Petersilie, ½ Bund Oregano, ½ TL Paprikapulver, Salz, Pfeffer

Zubereitung:
1. Waschen und würfeln Sie die Paprika.

2. Erhitzen Sie eine Pfanne mit Olivenöl und braten Sie die Paprika darin an.

3.Geben Sie nach 5 Minuten die Cashews mit in die Pfanne.

4. Lassen Sie alles etwas abkühlen und geben Sie danach alles in einen guten Mixer.

5. Hacken Sie die Kräuter fein und würzen Sie die Masse damit.

6. Heben Sie zum Schluss auch das Paprikapulver und eine Prise Salz und Pfeffer unter.

Nährwertangaben pro Portion
120 kcal, 10g Fett , 5,5g Kohlenhydrate, 3g Eiweiß, 1,5g Ballaststoffe

Tomaten Oliven Aufstrich

Zubereitungszeit: 5 Minuten

Schwierigkeitsgrad: einfach

Zutatenliste für 6 Portionen:
150g schwarze Oliven, 80g getrocknete Tomaten, 150ml passierte Tomaten, 2 EL Tomatenmark, ½ Bund Oregano, ½ TL Paprikapulver, Prise Zimt, Salz, Pfeffer

Zubereitung:
1. Geben Sie alle Zutaten in einen Mixer und pürieren Sie alles gut.

2. Schmecken Sie zum Schluss mit Salz und Pfeffer ab.

Nährwertangaben pro Portion
88,3 kcal, 9,1g Fett , 7,6g Kohlenhydrate, 2,1g Eiweiß, 2,6g Ballaststoffe

Brokkoli Aufstrich

Zubereitungszeit: 10 Minuten

Schwierigkeitsgrad: einfach

Zutatenliste für 6 Portionen:
1 Brokkoli, 100g Mandelblätter, 2 TL Senf, 1 EL Reissirup, 5 EL Olivenöl, Saft einer Limette, Salz, Pfeffer

Zubereitung:
1. Weichen Sie die Mandelblätter zuerst in etwas kaltem Wasser ein.

2. Waschen Sie den Brokkoli und zerteilen Sie ihn in Röschen und schneiden ihn dann etwas kleiner.

3. Braten Sie den Brokkoli ein wenig in Olivenöl an. Für ca. 5 Minuten.

4. Spülen Sie nun die Mandelblätter ab.

5. Geben Sie alle Zutaten zusammen mit ½ TL Pfeffer und 1 TL Salz in den Mixer und zerkleinern alles bis es cremig wird.

Nährwertangaben pro Portion
219 kcal, 15,8g Fett , 13,8g Kohlenhydrate, 4,5g Eiweiß, 3,5g Ballaststoffe

Cashew Möhren Aufstrich

Zubereitungszeit: 10 Minuten

Schwierigkeitsgrad: einfach

Zutatenliste für 6 Portionen:
3 Handvoll Cashews, 5 cm Ingwer, 2 Knoblauchzehen, 2 Zwiebeln, 3 EL Olivenöl, 3 Möhren, 3 Äpfel, Bund Thymian, ½ EL Reissirup, Saft einer halben Zitrone, Salz, Pfeffer

Zubereitung:
1. Hacken Sie die Cashews grob und braten Sie sie in einer Pfanne ohne Öl an bis sie leicht braun werden.

2. Schälen Sie währenddessen die Zwiebeln, den Knoblauch und den Ingwer und schneiden Sie ihn fein. Braten Sie diesen in einer anderen Pfanne mit etwas Olivenöl an.

3. Schälen Sie die Möhren und raspeln Sie sie. Entkernen Sie die Äpfel und schneiden Sie sie in kleine Stücke. Geben Sie alles zusammen mit dem gehackten Thymian mit in die Pfanne und braten es kurz an.

4. Geben Sie alle Zutaten mit ¼ TL Salz und Pfeffer in einen Mixer und pürieren es zu einer cremigen Masse.

Nährwertangaben pro Portion
80 kcal, 5g Fett , 6g Kohlenhydrate, 2g Eiweiß, 2g Ballaststoffe

Bohnen Aufstrich

Zubereitungszeit: 10 Minuten

Schwierigkeitsgrad: einfach

Zutatenliste für 6 Portionen:
1 Dose weiße Bohnen, 1 EL Zitronensaft, ½ Bund Rosmarin, 2 Knoblauchzehen, 2 EL Olivenöl, Salz, Pfeffer

Zubereitung:
1. Schälen Sie den Knoblauch und hacken Sie ihn fein. Hacken Sie auch den Rosmarin klein.

2. Erhitzen Sie etwas Olivenöl in einer Pfanne und braten Sie für 2 Minuten den Knoblauch und den Rosmarin darin an.

3. Geben Sie nun alle Zutaten einschließlich des angebratenen Knoblauchs und Rosmarin in einen Mixer. Geben Sie ruhig 1 EL Wasser hinzu, damit es cremiger wird.

Nährwertangaben pro Portion
80 kcal, 4,9g Fett , 5g Kohlenhydrate, 2,8g Eiweiß, 2,8g Ballaststoffe

Haftungsausschluss

Die Umsetzung aller enthaltenen Informationen, Anleitungen und Strategien dieses Buches erfolgt auf eigenes Risiko. Für etwaige Schäden jeglicher Art kann der Autor aus keinem Rechtsgrund eine Haftung übernehmen. Für Schäden materieller oder ideeller Art, die durch die Nutzung oder Nichtnutzung der Informationen bzw. durch die Nutzung fehlerhafter und/oder unvollständiger Informationen verursacht wurden, sind Haftungsansprüche gegen den Autor grundsätzlich ausgeschlossen. Ausgeschlossen sind daher auch jegliche Rechts- und Schadenersatzansprüche. Dieses Werk wurde mit größter Sorgfalt nach bestem Wissen und Gewissen erarbeitet und niedergeschrieben. Für die Aktualität, Vollständigkeit und Qualität der Informationen übernimmt der Autor jedoch keinerlei Gewähr. Auch können Druckfehler und Falschinformationen nicht vollständig ausgeschlossen werden. Für fehlerhafte Angaben vom Autor kann keine juristische Verantwortung sowie Haftung in irgendeiner Form übernommen werden.

1. Auflage

Kontakt: JT-Handels-UG/ Berumer Str. 44/ 26844 Jemgum